AF509377

PROCÉDÉS

DE MM. LAULT ET SALLARD,

POUR

LA DÉCOLORATION ENTIÈRE

DES SUCRES,

TRÈS-UTILES A MM. LES CONFISEURS, LIQUORISTES,
PHARMACIENS, DROGUISTES ET LIMONADIERS.

PROCÉDÉS

DE MM. LAULT ET SALLARD,

POUR

LA DÉCOLORATION ENTIÈRE

DES SUCRES,

TRÈS UTILES

A Mͬͮ͞. LES CONFISEURS, LIQUORISTES, PHARMACIENS,
DROGUISTES ET LIMONADIERS.

PARIS.

VINCHON, FILS ET SUCCESSEUR DE Mme. Ve BALLARD,
RUE J.-J. ROUSSEAU, N°. 8.

1834.

PROCÉDÉS

DE MM. LAULT ET SALLARD,

POUR

LA DÉCOLORATION ENTIÈRE

DES SUCRES,

TRÈS-UTILES A MM. LES CONFISEURS, LIQUORISTES, PHARMACIENS, DROGUISTES ET LIMONADIERS.

---

1. Manière de conserver le jus de framboise clair pour sirop.

Vous mettez des framboises dans une terrine, que vous appuierez contre quelque chose pour la pencher ; vous laisserez une place vide sur le devant, où votre jus tombera de lui-même, vous le retirerez, le passerez à travers un tamis et le mettrez dans des bouteilles préparées de cette manière : vous prendrez des mèches soufrées, les couperez en morceaux à pouvoir entrer dans vos bouteilles, vous les accrocherez à un fil de fer auquel vous aurez mis un bouchon au bout, vous allumerez votre mèche, vous l'entrerez dans votre bouteille, que vous boucherez avec le bouchon qui sera à fil de fer ; quand votre mèche sera éteinte, mettez-y votre jus, bouchez bien, gaudronnez, ficelez et descendez à la cave.

2. *Jus de groseilles clair pour sirop conservé à froid.*

Pour 3o livres de groseilles, prenez 7 livres de cerises que vous écraserez par partie et ensemble sur un tamis, vous descendez à la cave votre jus dans les terrines et l'y laissez un jour ou deux ; s'il n'est pas tranché au premier, vous le passez sur un tamis, ensuite à la chaussée, et le mettez en bouteille comme le jus de framboises ci-dessus.

3. *Recette pour faire le sirop blanc avec du sucre brut.*

Prenez 5 livres de noir d'os, mettez 3 litres d'eau, mélangez bien. Après avoir mélangé une livre d'eau et une livre d'acide sulfurique, mettez-les dedans, remuez bien avec une spatule de bois, laissez reposer un quart d'heure, ensuite ajoutez une quantité d'eau pour bien le laver ; laissez reposer, versez l'eau et changez 4 fois l'eau ; ensuite mettez-le dans 2o livres de sucre brut, et clarifiez à la manière ordinaire ; le sirop sera blanc comme de l'eau.

4. *Manière d'améliorer le vin dans sa fabrication, et de l'empêcher de s'aigrir.*

Après que le vin a fini de bouillir, l'on met dans chaque barrique de vin 4 onces d'acide tartarique en poudre, et un litre de lait bouillant; après l'avoir bien remué, on le laisse reposer 24 heures, ensuite on le tire au clair, et l'on met sur chaque tonneau un verre d'eau-de-vie que l'on place légèrement après que le tonneau est plein.

5. *Recette pour fabriquer du vin de Malaga.*

Prenez 16 bouteilles de bon vin blanc, 4 livres de sucre en poudre, 2 gros de cachou, 4 gros de fleur de cartame, 2 livres de véritable raisin sec de Malaga pilé comme une pâte de beurre; faites bouillir le tout ensemble pendant une minute; après que ce mélange est froid, donnez-y de la couleur avec du sucre brut; filtrez le tout, et mettez dans un tonneau goudronné exprès. Comme il faut soufrer le tonneau pour le vin blanc, vous ajoutez un litre d'esprit de vin.

6. *Vin de Madère..*

Prenez 16 bouteilles de vin blanc, 2 livres de sucre, 2 livres de figues sèches pilées, 2 onces de fleur de tilleul, 1 gros de rhubarbe orientale, 1 grain d'aloès sucotrin;

faites bouillir le tout pendant une minute, et après filtrez ; ajoutez ensuite un litre et demi d'esprit de vin.

7. *Vin de Champagne mousseux.*

Prenez 16 bouteilles de vin blanc, 2 livres de noir d'os bien lavé à l'eau chaude, 1 livre de dattes bien pilées, 1 gros de semence de céleri, 1 once d'acide tartarique, 1 once de carbonate de soude ; faites bouillir le tout pendant une minute, et après qu'il est refroidi, ajoutez un litre d'esprit de vin, filtrez et mettez en bouteilles.

8. *Recette pour faire la moutarde de santé.*

Prenez 46 litres de bon vinaigre, 2 onces de clou de gérofle, 2 onces de canelle, 1 once d'essence de citron, 4 gros de cayenne des Indes, 1 livre d'herbe d'estragon, 4 onces d'herbe de thym ; infusez le tout pendant 8 jours. Ajoutez ensuite 1 livre de ciboule pilée, passez le tout à la presse, et filtrez. Ensuite on y mélange 36 livres de farine de moutarde, 4 livres de fécule de pommes de terre, 4 livres de sucre brut ordinaire, 1 livre d'huile d'olive ; et après le mélange bien fait, on met en pots.

9. *Crème d'Italie.*

Prenez 10 jaunes d'œuf, 10 onces de sucre en poudre, un petit verre à liqueur de liqueur de vanille, un de marasquin, et un verre de rhum, un litre de bon vin blanc; on fait bouillir le tout sans le quitter, et en remuant continuellement avec un petit balai d'osier.

10. *Eau-de-vie de Cognac.*

Prenez 100 litres d'esprit, 4 onces de fleur de tilleul, 2 onces de thé, 1 once de cachou brut pilé, 2 gros de rhubarbe, 2 gros de noix de muscade, 3 grains d'aloès sucotrin; faites infuser le tout pendant huit jours; et après on le réduit avec de l'eau de pluie, et l'on y ajoute d'un verre jusqu'à quatre verres de jus de raisin, par velte.

11. *Fabrication du vinaigre.*

Prenez 4 onces de farine de moutarde, 4 onces de poivre long, 1 livre d'acide tartarique, 2 livres de mélasse, 10 livres de farine ordinaire. Faites du tout une pâte comme pour faire du pain; laissez cette pâte bien employée dans un linge, dans un lieu un peu chaud, pendant 48 heures; ensuite, on fait cuire cette pâte au four comme un pain; on la coupe après par petits morceaux, et on la met dans un tonneau contenant 125 bouteilles d'eau à 25 degrés de chaleur et sur du marc de vinaigre. Après, on y ajoute 5 litres d'esprit de vin. Le local où la préparation est faite, doit être échauffé à 25 degrés.

12. *Eau de Cologne, véritable recette de Jean-Marie Farina.*

Prenez 2 litres d'esprit de vin à 33 degrés, 2 onces d'essence de bergamotte, une once d'essence de citron, 2 gros d'essence de néroli, 4 gros d'essence de gérofle, 3 gros d'essence de lavande, 2 gros d'essence de romarin; le tout bien mélangé et passé au filtre.

13. *Véritable élixir de Longue-Vie.*

Prenez 1 litre d'esprit de vin à 33 degrés, 2 litres d'eau-de-vie à 22 degrés, 2 onces d'aloès sucotrin, 2 gros de zeodoria, 2 gros de gentiane, 4 gros de rhubarbe, 2 gros azérique blanc, 1 once de theriaque de Venise, 4 gros de safran; le tout ensemble infusé pendant 8 jours, et après passé au filtre.

14. *Limonade gazeuse en paquet.*

Prenez 1 once de sucre, 1 gros de carbonate de soude, ces deux substances bien pilées ensemble et conservées dans du papier. Quand on veut faire la limonade, on a dans un autre papier 1 gros d'acide tar-

tarique en poudre ; on mêle le tout ensemble, et on le verse dans un grand verre
d'eau.

15. *Recette pour décolorer la mélasse, et
en faire un sirop aussi beau qu'avec du
sucre.*

Voir la première recette donnée p. 1,
ajoutez seulement à ce qui est prescrit, une
once d'acide muriatique pour chaque livre
de noir.

16. *Kirschwasser.*

Prenez 4 litres d'esprit, un gros d'essence de noyau, et 20 gouttes d'essence de
néroli.

17. *Eau de fleur d'orange.*

Prenez 1 gros d'essence de néroli superfin, mettez-le dans un verre avec 2 onces
de sucre en pain pulvérisé ; mélangez par-
faitement le tout avec une cuiller. Après le
délai d'une heure, faites fondre ce sucre
dans quatre litres d'eau ; filtrez le tout, et
vous obtiendrez une eau de fleur d'orange
qui sera parfaite.

18. *Eau de rose.*

Prenez un gros d'essence de rose pour
dix bouteilles, et opérez comme pour l'eau
de fleur d'orange.

19. *Règle générale pour fabriquer les glaces à la créme.*

Prenez 1 litre de bon lait, 10 jaunes d'œufs et 12 onces de sucre. Faites bouillir sur un feu doux avec les aromates indiqués dans les recettes ci-après, et selon la qualité que l'on désire.

Créme au chocolat.

Dix onces de chocolat superfin à la vanille.

Créme à la vanille.

Un gros de vanille coupé bien menu.

Créme au café.

Six onces de café grillé.

Créme aux amandes grillées.

Quatre onces d'amandes grillées.

Créme aux pistaches.

Quatre onces de pistaches ; on les fait bouillir dans l'eau pendant une minute, ensuite on enlève la peau.

Créme à la fleur d'orange.

Quatre onces de fleurs d'orange confites.

Créme au citron.

Le zeste de quatre citrons.

Créme à la cannelle.

Une once de cannelle de Ceylan.

Règle générale pour faire les glaces aux fruits.

Prenez deux livres de sirop cuit à la plume, une livre d'eau avec le parfum indiqué dans les recettes ci-après.

Glaces aux fraises.

Le jus de deux livres de fraises, et celui de trois citrons.

Glaces aux framboises.

Le jus de deux livres de framboises, et celui de trois citrons.

Glaces aux pêches.

Le jus de trois livres de pêches.

Glaces aux abricots.

Le jus de trois livres d'abricots.

Glaces aux citrons.

Le jus de quinze citrons.

Glaces à la rose.

Une livre d'eau de rose et le jus de 4 citrons.

Glaces à la fleur d'orange.

Huit onces d'eau de fleur d'orange.

Glaces aux cannellins.

Quatre onces d'eau de cannelle de Ceylan.

Glaces au jasmin.

Deux gros d'essence de jasmin.

Glaces au marasquin.

Un quart de gros d'essence de marasquin.

Glaces aux oranges.

Le jus de quinze oranges.

Glaces à la jonquille.

Deux gros d'essence de jonquille.

20. *Fabrication de la cire à cacheter les bouteilles.*

Prenez 10 onces de térébenthine, 8 gros de gomme laque, 2 onces de benjoin, 2 gros de cire ; on fait fondre le tout, ensuite on y ajoute 4 onces de carmin, et on le verse dans le moule ou sur une pierre de marbre que l'on a eu soin de bien nettoyer auparavant avec de l'huile.

21. *Manière d'ôter l'âcreté du vin quand il est devenu aigre.*

On met depuis une livre jusqu'à 4 livres de cendres gravelées par tonneau, et après avoir bien remué, on met 1 litre de lait bouilli. Au bout de 48 heures le vin devient bon et limpide, et on doit soutirer.

22. *Chocolat d'Italie.*

Prenez 3 litres de cacao carac. grillé, 4 livres de sucre blanc, 8 onces de farine de riz ; pour obtenir le parfum que l'on désire, on y ajoute soit 1 gros de vanille, soit une once de cannelle de Ceylan.

23. *Régle générale pour fabriquer toutes sortes de liqueurs sans distillation pour, 6 bouteilles.*

Prenez 4 livres et demie de sucre, 2 litres d'eau. Après que le sucre est bien fondu, l'on ajoute 2 litres d'esprit et les essences et couleurs que l'on trouve dans la recette suivante; après on filtre.

Marasquino.

Prenez 1 gros d'essence de marasquino.

Persico.

Prenez 1 gros d'essence de persico.

Huile de noyau.

Prenez 1 gros d'essence de noyau.

Huile de rose.

Prenez 10 gouttes d'essence de rose ; et on y ajoute la couleur de rose.

Huile de vanille.

Prenez 2 gros d'extrait de vanille et la couleur rose.

Rosolio.

Prenez 1 gros d'extrait de vanille, trois gouttes d'essence de rose, 8 gouttes de teinture d'ambre couleur de rose.

Anisette.

Prenez 1 gros et demi d'essence d'anis, 8 gouttes d'essence de cannelle.

Véritable curaçao de Hollande.

Prenez 2 gros d'essence de curaçao, 6 gouttes d'essence de cannelle de Ceylan, le sucre et l'eau. On les fait bouillir 5 minutes avec le jus et la râpure de 6 oranges; on les colore avec du caramel et un peu de cochenille.

Huile d'ananas.

Prenez une livre d'ananas râpée, infusé à 8 jours dans l'esprit.

Crême de Menthe.

Prenez 1 gros d'essence de menthe et la couleur verte.

Citronelle.

Prenez 2 gros d'essence de citron et la couleur jaune.

Baume humain.

Prenez 3 gouttes d'essence de rose, 8 gouttes d'essence de canelle, 24 gouttes d'essence de cédrat, 8 gouttes d'essence de macis.

Huile de rhum.

L'on remplace l'esprit par du rhum, et l'on met de l'eau en proportion du degré.

Cannelin de Corfou.

Prenez un demi-gros d'essence de canelle de Caylan.

1*

Alkermès de Florence.

Prenez 1 gros d'extrait de vanille, deux gouttes dessence de rose, le sucre et l'eau. On le fait bouillir 5 minutes avec le jus de 6 oranges et une demi-livre de figues sèches pilées. Couleur rose.

Garofolino.

Prenez 1 demi-gros d'essence de gérofle et la couleur rose.

Extrait d'absinthe.

Prenez 4 litres d'esprit, 2 gros d'essence d'absinthe, 2 gros d'essence de fenouil, 2 gros d'essence d'anis, 2 litres d'eau, et la couleur verte.

Huile de la Martinique.

Prenez 1 gros de vanille, 8 gouttes d'essence de néroli, 8 gouttes d'essence de cannelle.

Créme de nymphes.

Prenez 24 gouttes d'essence de cannelle, 12 gouttes de muscade, 4 gouttes d'essence de rose.

Huile de cinamonum.

Prenez 4 gouttes d'essence de cannelle de Ceylan ; on colore jaune légèrement.

Rosa biancha.

Prenez 10 gouttes d'essence de rose, 6 gouttes teinture de musc.

Ruga.

Prenez 8 onces de rue infusée 8 jours dans l'esprit.

Eau de chasseur.

Prenez 36 gouttes d'essence de menthe, 12 goutes d'essence de muscade, couleur verte.

Eau d'or.

Prenez 6 gouttes d'essence de cannelle, 10 gouttes d'essence de macis, 1 gros d'essence de citron; on colore couleur de paille avec du jaune; et après l'avoir filtré, on y ajoute une feuille d'or sur chaque bouteille.

Eau d'argent.

Prenez 1 gros d'essence de cédrat, 4 gouttes de rose; après l'avoir filtré, on y ajoute une feuille d'argent sur chaque bouteille.

Amour sans fin.

Prenez 5 gouttes d'essence de rose, 12

gouttes de néroli et 18 gouttes d'essence de gérofle, couleur rose.

Plaisirs des dames.

Prenez 24 gouttes d'essence de gérofle, 12 gouttes d'essence de muscade, 6 gouttes de cannelle, 6 gouttes de néroli et 1 demi-gros d'essence de cédrat.

Eau des belles femmes.

Prenez 1 gros de vanille, 8 gouttes d'essence de néroli, 2 gouttes d'essence de rose, et la couleur rose.

Parfait amour.

Prenez 36 gouttes d'essence de gérofle, 12 de macis et un gros d'essence de citron, et couleur rose.

Coquette flatteuse.

Prenez 6 gouttes d'essence de rose, 12 gouttes de teinture de musc et 8 de cannelle.

Esprit de Manuel.

Prenez 30 gouttes d'essence de menthe, 20 gouttes d'essence de gérofle, couleur verte.

Eau de noix.

Prenez 100 noix vertes pilées, 1 once de cloux de gérofle, 2 onces de cannelle ; infusez dans 20 litres d'eau-de-vie pendant 4 semaines ; ensuite on 'a tire au clair, et l'on y ajoute 10 livres de sirop ordinaire.

Elixir de Néroli.

Prenez 4 gros de myrrhe, 24 gouttes d'essence de néroli, infusé pendant 8 jours dans l'esprit.

Huile de thé.

Prenez 2 onces de thé impérial, infusé 8 jours dans l'esprit.

Huile de gérofle.

Prenez un demi-gros d'essence de gérofle et la couleur rose.

Créme de cédrat.

Prenez 2 gros d'essence de cédrat.

Créme de rose.

Prenez 10 gouttes d'essence de rose et la couleur rose.

Créme d'orange.

Prenez 2 gros d'essence d'orange et la couleur jaune.

Créme de jasmin.

Prenez 2 gros d'essence de jasmin.

Créme de cannelle.

Prenez 1 gros d'essence de cannelle, couleur jaune.

Créme à la fleur d'orange.

Prenez une livre d'eau de fleur d'orange triple.

Créme à la fleur d'orange et au vin de Champagne.

Prenez une livre d'eau de fleur d'orange et une bouteille de vin de Champagne.

Créme de Portugal.

Prenez 2 onces de crême de Portugal.

Créme de citron.

Prenez 2 gros d'essence de citron et la couleur jaune.

Ratafia de Grenoble.

Prenez 5o livres de cerises noires pilées ; on les laisse fermenter 3 jours, après on y ajoute 15 litres d'eau-de-vie, 2 onces de cannelle, 1 once de noix muscade, on laisse infuser le tout 8 jours ; après on le tire au clair et on y ajoute 1o livres de sirop.

Ratafia de coings.

Prenez 4 livres de coings infusées 8 jours dans l'esprit.

Ratafia de fraises.

Le jus de 3 livres de fraises.

Ratafia de frambroises.

Le jus de 3 livres de framboises.

Liqueur stomachique amère.

Prenez 1 once de cachou, 10 grains d'aloès sucotrin, 1 gros de myrrhe, 1 once de cannelle, le tout infusé 8 jours.

Huile d'éther.

Prenez 1 gros d'essence de cédrat, 1 gros d'essence d'éther sulfurique.

Huile de kirschwasser.

L'on remplace l'esprit pur du kirsch, et l'on met moins d'eau en proportion du degré.

Huile de menthe.

Prenez 1 gros d'essence de menthe.

Huile de Violette.

Prenez 2 onces de fleur de violette sèche, infusée 8 jours dans l'esprit.

Huile de myrrhe.

Prenez 1 once de myrrhe pilée, infusée 8 jours dans l'esprit.

Huile cordiale.

Prenez 8 gouttes d'essence de cannelle, 6 gouttes de gérofle, 6 gouttes de muscade et 15 gouttes de menthe.

Rosolio de Breslaw.

Prenez 1 gros de vanille, 4 gouttes d'essence de rose, 6 gouttes de néroli, le sucre et l'eau ; on les fait bouillir 5 minutes avec le jus de 6 oranges et 1 once de capillaire.

Règle générale pour fabriquer toute sorte de liqueurs par distillation pour 6 bouteilles.

L'on mettra premièrement 2 litres d'eau dans l'alambic, et un demi-litre d'esprit avec les aromates que l'on trouve dans la recette suivante, et l'on distille jusqu'à ce que l'on ait reçu le demi-litre d'esprit ; alors la distillation est finie.

Pendant que cette distillation s'opère, on mettra dans une terrine de terre 4 livres et demie de sucre et 2 litres d'eau. Quand il est fondu, l'on y ajoute 1 litre 3 quarts de litre d'esprit, et le résultat de la distillation, après cela on filtre.

Anisette de la Martinique.

Prenez 8 onces d'anis vert, 2 onces d'anis étoilé, 4 gros de cannelle de Ceylan.

Créme Moka.

Prenez 8 onces de café grillé; on le met entier dans l'alambic.

Elixir de Garus.

Prenez 2 gros de myrrhe, 2 gros d'aloès sucotrin, 2 gros de noix muscade, 2 gros de cloux de gérofle, 1 once de cannelle de Ceylan; on colore jaune.

Mirabolenti.

Prenez 4 onces de mirabolenti, 2 onces de cardamomum.

Curaçao distillé.

Prenez 1 livre écorce de curaçao, 1 once de cannelle de Ceylan; infusez trois jours dans l'esprit, après on le distille.

Verdalino de Turin.

Prenez 4 gros de myrrhe, 1 once de cannelle, 2 onces de cardamomum, couleur verte.

Aqua divina.

Prenez 1 once de cannelle, 4 onces de cacao, 1 gros de myrrhe.

Aqua romana.

Prenez 4 gros de noix muscade, 1 once de cannelle, 1 once de calamus aromaticus.

Aqua persiana.

Prenez 1 livre d'amandes d'abricot, 1 once de cannelle. Après avoir distillé, on y ajoute 3 gouttes d'essence de rose.

Oleo di Venere.

Prenez 1 once de cardamomum, 1 once d'ambrette, 1 once de cannelle, 2 gros de maçis, le jus de 6 oranges.

Latte di Mechia.

Prenez 6 onces de cacao, 1 once de cannelle, 1 once de semence de carotte.

Aqua del paradiso.

Prenez 4 onces de cacao, 2 onces de cardamomum, 1 once de cannelle de Ceylan.

Anisette de Bordeaux.

Prenez 8 onces d'anis vert, 1 once de coriandre, 4 gros de cannelle de Ceylan.

Eau-de-vie d'Auzihe.

Prenez 4 onces de cacao , 1 once de cannelle de Ceylan, 4 gros de macis, le jus
de 4 citrons; et après avoir filtré, on met
une feuille d'or sur chaque bouteille.

Eau-de-vie d'Andaye.

Prenez 2 onces d'iris en poudre, 2 onces
de graine de genevièvre, 2 onces d'anis
vert, 2 onces de graine d'angélique, 1 once
de cannelle; on met moitié moins de sucre
que pour l'autre eau-de-vie.

Eau de la Côte-Saint-André.

Prenez une livre d'amendes de pêche,
1 once de canelle, le jus de dix oranges.

Cédrat de la Côte-Saint-André.

Le zeste de dix-huit cédrats.

Culotte de pape.

Prenez 2 gros de noix muscade, 1 once
de canelle, 1 once de cloux de gérofle, 1
gros d'extrait de vanille, couleur violette.

Champ d'Azile.

Prenez 2 onces de carvi, 2 onces d'ambrette, 1 once de canelle de Ceylan.

Liqueur valeureuse de brave.

Prenez 1 once de cardamomum, 1 once de semence de carotte, 2 onces de cacao, 1 once de cannelle de Ceylan.

Eau de Malte.

Prenez 1 once de cannelle, 1 gros de castorium, 2 gros de macis.

Vespetro.

Prenez 2 onces de graine d'angélique, 1 once de cannelle, 2 gros de macis, le jus de citrons.

Liqueur à des amis réunis.

Prenez 2 onces d'iris, 2 gros de myrrhe, 1 once de cannelle, 1 gros d'extrait de vanille.

Liqueur à la Cambronne.

Prenez 1 gros de vanille, 1 once de cannelle, 2 onces d'iris; et après l'avoir distillée, on y ajoute deux gouttes de rose.

Escurbac d'Irlande.

Prenez 3 onces de fenouil de Florence, 2 onces de cannelle, 2 gros de noix muscade; on colore jaune très-chargé.

Macaroni.

Prenez 1 livre d'amandes amères, 1 once de cannelle, 4 gros de noix muscade.

Eau cordiale.

Prenez 2 gros de myrrhe, 1 once de cannelle, 2 onces de cardamomum.

Créme d'absinthe.

Prenez 6 onces d'herbe d'absinthe, 2 onces d'anis vert.

Créme d'angélique.

Prenez 2 onces de racine d'angélique.

Créme impériale.

Prenez 1 once de semence de carotte, 1 once de cannelle, 2 onces de semence d'angélique, 2 onces d'iris en poudre.

Créme royale.

Prenez 1 once de cloux de girofle, 1 gros de myrrhe, 1 once de cannelle, 2 onces de carvi.

Huile de Jupiter.

Prenez 2 onces de fenouil, 2 onces de cannelle, 2 onces de cacao, 1 once d'iris.

Huile d'anis des Indes.

Prenez six onces de badiane, 1 once de canelle.

Huile d'absinthe.

Prenez 8 onces d'herbe d'absinthe.

Huile d'angélique.

Prenez 3 onces racine d'angélique, 1 once de cannelle.

Huile de céléri.

Prenez 3 onces de semence de céleri.

Véritable absinthe de Couvet en Suisse.

Prenez 5 litres d'esprit, 4 litres d'eau, 14 onces d'herbe d'absinthe, 7 onces de fenouil de Florence, 4 onces d'anis vert, 2 onces d'herbe de menthe ; le tout infusé 8 jours ; ensuite on le presse, et on distille le liquide seul, puis on le colore olive.

Couleur olive.

On colore la liqueur d'un beau bleu de ciel, et pour le rendre olive l'on y ajoute du sucre brûlé.

Couleur rose pour toutes les liqueurs.

Prenez 1 once de cochenille pilée , 2 onces de cendres de bois, 1 demi-litre d'eau ; on les fait bouillir 5 minutes dans une casserole de terre, et l'on colore la liqueur à volonté.

Couleur jaune.

Prenez 1 gros de safran infusé dans 1 verre d'eau chaude.

Couleur verte.

Des tablettes de bleu cannelé que les épiciers vendent pour le linge ; on en fait dissoudre dans un verre d'eau chaude, l'on colore la liqueur d'un beau bleu de ciel ; et pour la rendre verte, l'on y ajoute de la teinture de safran.

Couleur violette.

On colore la liqueur rose pâle, et l'on y ajoute un peu de bleu.

22 bis. *Manière d'obtenir le parfum de la vanille.*

4 Litres eau-de-vie 20 degrés, 1 once baume storax , 1 once baume de tollu, 1 once de benjoin , 2 onces de badianes ,

3 zestes de citron. Faites infuser ces drogues pendant un mois ; ensuite on peut s'en servir comme de la vanille même.

25. *Manière de faire de la glace en été.*

Mettez dans un tonneau 100 livres de sulfate de soude pulvérisée avec 80 livres d'acide sulfurique. Ce mélange peut geler l'eau.

26. *Pour faire reverdir les reines-claudes.*

Servez-vous toujours de la même eau, quoique chaude ; elles blanchiront en restant d'un vert superbe.

27. *Sirop de punch au rhum.*

Sept litres rhum, un demi-litre jus de citron, les zestes de 12 citrons, 16 livres sucre au boulet, moitié eau.

28. *Vin chaud.*

Un litre vin de Roussillon, une demi-livre de sucre, un peu de jus de citron, et macis.

29. *Gelée au rhum.*

Une livre sirop de sucre, 1 livre rhum,

1 once colle de poisson fondue et réduite Les pieds de veau peuvent faire la gelée et la crême.

30. *Nogat de Provence.*

Une livre miel blanc, 1 livre sucre en poudre, 2 livres amandes pelées et coupées, 8 blancs fouettés. Faites fondre le tout sur un feu doux; mettez les blancs, et desséchez jusqu'à ce qu'en en prenant à la pointe d'un couteau, ça casse net; mettez les amandes, et dressez dans les hosties.

31. *Recette pour le carmin.*

Deux livres bois de Brésil, 1 livre et demie eau-forte, 1 demi-livre étain fin, 1 once et demie sel ammoniac, 2 onces sel de ménage, 4 onces alun, 2 onces crême de tartre. Le bois de Brésil se fait bouillir dans 4 pintes d'eau et réduire à moitié. On le fait bouillir quatre fois de même, et la décoction se passe au tamis; la crême de tartre et l'alun se pilent ensemble, et la moitié se met dans la couleur bouillante, et l'autre moitié se met avec le sel et l'ammoniac pour être ajoutée par partie, et de temps à autre, ainsi que l'étain, dans un matras, dans lequel, avant tout, on mettra l'eau forte. Lorsque la dissolution sera faite et ne bouillera plus, vous viderez dans la décoction en remuant bien le tout avec une spatule ; laissez déposer dix-huit heures, et vous changerez d'eau pendant huit jours.

32. *Encre perpétuelle.*

Deux pintes de bon vin, 1 livre noix de galle à l'épine, 1 quart couperose verte, 1 once sucre candi, 1 once alun de roche, 1 once de vitriol bleu, 2 onces de gomme arabique. Concassez les drogues, et mettez le tout dans une bouteille que vous remuez quatre à cinq fois par jour pendant huit jours, après vous pouvez vous en servir. A mesure que vous en prendrez, ajoutez du vin. Si elle s'épaissit, mettez de l'alun ; si elle coule trop, mettez de la gomme.

33. *Bleu en liqueur.*

Les pastilles de la cour et dissoutes à l'eau tiède et conservées à l'esprit-de-vin, ou bien 4 onces indigo flore, 1 livre 8 onces huile de vitriol étant dissous, vous la dé-graissez avec 6 pains de craie, et 4 litres eau filtrée ensuite, et réduisez le liquide que vous conserverez à l'esprit-de-vin.

34. *Carmin-liqueur.*

Faites chauffer de l'eau, versez là sur votre carmin en poudre, avec quelques gouttes d'alcali volatil , laissez déposer et tirez à clair, faites infuser pendant 3 heures, faites infuser pendant 3 fois, mettez-y toujours un peu d'alcali.

35. *Flûtes pour les cafés.*

12 Livres de farine, 1 livre de beurre, 1 livre de sucre, 75 œufs dont 30 entiers, et 45 le jaune seulement ; quand votre mélange sera fait, et que vous aurez pétri votre pâte, vous lui donnerez trois tours en la frottant sur la table, après quoi vous la dressez de la grosseur du doigt index , et de la longueur de 5 pouces, vous dorerez de suite, afin que le dessus de votre pâte ait le temps de sécher pour pouvoir la fendre avec la pointe du couteau, avant de la mettre au four, qui aura sa première chaleur.

36. *Croquets façon allemande.*

14 Livres d'amandes, 11 livres de farine, 8 livres et demi de sucre bombon, fondu dans 7 verres d'eau ; laissez prendre un bouillon seulement, puis versez dans votre farine, que vous aurez arrangée de manière à pouvoir contenir, et y ajouter en sus 2 verres d'eau pour dégraissez votre poêlon, ensuite vous y joignez vos amandes; quand

votre pâte sera mélangée, vous y mettrez encore 9 œufs, vous la frotterez 3 fois en passant la main dessus, et vous la dresserez en bande; après être cuite, vous couperez vos croquets de la grosseur que vous voudrez.

37. *Croquets de Bordeaux.*

Deux livres de sucre bombon, 2 livres de farine, 2 livres d'amandes parfumées à la rose, délayées avec de l'eau, et faire la pâte très dure, formé de bandes de l'épaisseur d'un doigt; coupez les croquets de la grosseur que vous voudrez, placez-les sur des tôles graissées au beurre, dorez-les et faites cuire à un four un peu vif.

38. *Croquets glacés.*

Deux livres de farine, 2 livres et demie sucre bombon, 3 livres d'amandes mouillées avec de l'eau, faites la pâte très dure, à l'aide de l'eau, parfumez au citron, formez des bandes épaisses d'un pouce, large de quatre doigts, longues à discrétion, et coupez mince, épais seulement d'une ligne et demie à deux lignes; placez-les sur des tôles bien graissées au beurre, puis au four de moyenne chaleur, après les avoir dorées. Il faut faire la pâte la veille.

39. *Biscuits bombés.*

Soixante-cinq œufs, 7 livres un quart de sucre pilé, que vous battrez bien en y ajoutant vos 65 jaunes partie par partie, puis 7 livres un quart de farine ; parfumez au citron, puis faire monter vos blancs très-durs, puis mélanger, et dresser dans des moules préparés de cette manière ; faites fondre autant de cire que de beurre, graissez vos moules, puis les saupoudrez avec du sucre en poudre ; dressez ensuite vos biscuits et faites cuir au four moitié ouvert.

40. *Croquans aux amandes.*

Six onces de sucre en grain, 4 onces de farine, 3 onces d'amandes sèches mondées et coupées, délayées avec des blancs d'œufs ; faites la pâte un peu claire, la dressez sur des tôles graissées avec une cuillère ; faire cuire au four un peu chaud ; et en les retirant de dessus les tôles, les appuyer sur un rouleau, pour leur donner la forme du demi-cercle, parfum Saint-d'Or.

41. *Cornets à plaisirs.*

Six onces de sucre, 4 onces de farine délayée avec des blancs d'œufs ; faire la pâte claire, les mettre en cornet à l'aide d'un morceau de bois pointu ; en les sortant du four, parfumez eau de Saint-d'Or.

42. *Bâtons à la vanille.*

Prenez 3 onces d'amandes, 1 demi-once de sucre; passez au tamis votre sucre et vos amandes ; faites une pâte un peu ferme avec des blancs d'œufs ; parfumez à la vanille, formez-en de petits bâtons, que vous recouvrirez d'une glace faite avec du sucre en poudre et des blancs d'œufs ; puis faites cuire à four doux.

43. *Marrons.*

Trois quart de sucre, 3 quarts d'amandes, mettre un quart de sucre pour piler vos amandes, 3 blancs d'œufs, puis le reste de votre sucre ; faire la pâte dure ; dressez en forme de marrons, et les mettez à l'étuve un ou deux jours avant de les faire cuire; parfumez à la vanille.

44, *Noisette.*

Faire la pâte de même que celle des marrons; vous formez vos noisettes, en applanissant votre pâte très-mince ; vous la dentelez, puis en coupez des morceaux assez grands pour envelopper une amande , et vous en faites un petit paquet en n'en joignant plusieurs ensemble à l'aide d'un peu de gomme, et vous la faites sécher à l'étuve; quand vous les ferez cuire, vous dorerez seulement le bout; après être cuite, vous ferez un beau sucre glacé en grain, vous gommerez le bas de vos noisettes, vous saupoudrerez avec votre sucre.

45. *Méringues.*

Vingt blancs d'œufs, 20 de sucre en poudre; les faire cuire sur des plaques graissées et farinées.

46. *Souflages.*

Sept blancs d'œufs à la neige, 1 livre de sucre en poudre, dressé à la seringue, forme que vous voudrez; faire cuire sur des feuilles de papier et des planches que vous mouillerez parfum vanille.

47. *Biscuits très-souflés.*

Quatre-vingt-dix œufs, 1 livre et demie sucre Bourbon, 2 livres farine.

48. *Couronne de massaine souflée.*

Trois onces d'amandes sèches mondées,

pilées bien fines, avec des blancs d'œufs, y ajouter un peu d'eau-de-vie, puis une livre de sucre en poudre, tenir la pâte ferme, dressez à la seringue étoilée.

49. *Gaufres à plaisir.*

Un quart sucre eu grain, 1 quart farine, une cuillerée eau de fleur d'orange, une cuillerée eau-de-vie, un jaune d'œuf; délayez le tout ensemble, faites la pâte claire, faites cuir.

50. *Brioches soufflées au sucre.*

Faites une glace parfumée au sucre royal, d'épaisseur à pouvoir être poussée facilement à la seringue, en forme de boutous, sur lesquels vous mettez une pastille large sur chaque des couleurs variées. Mettez à un four doux; en soufflant, ils formeront la brioche.

51. *Noisettes soufflées.*

Grossissez 1 livre d'amandes d'aveline, après les avoir fait griller, et passer dans les blancs d'œufs, et roulées dans du sucre bien blanc en poudre parfumé; mettez-les en couleur, et enfournez-les sur du papier au four doux. Elles doivent bien se marbrer eu soufflaut.

52 . *Biscuits à la vanille meringués.*

1 Livre de sucre en poudre, 6 onces de fécule, 16 blancs d'œufs, 1 once vanille en poudre et sucre. Battez les blancs bien en neige, joignez-y les poudres mélangées passées au tamis, mettez à un four doux.

53. *Gaufres flamandes.*

Cinq quarts farine, 12 jaunes d'œufs, une pincée de sel. Délayez avec une chopine de crême ou lait la vapeur d'un citron, une demi-livre beurre frais fondu ; battez les 12 blancs en neige ; mélangez doucement.

54. *Croquignolles soufflées.*

Deux livres sucre, 2 livres farine, 12 blancs d'œufs ; mélangez, dressez, et faites sécher sur des tôles au four garni.

55. *Soufflage à la gomme.*

Deux gros de gomme adraganthe fondue dans 2 onces et demie eau dé rose ; ajoutez-y 2 livres sucre royal, dressez en couronne, et mettez au four modéré.

56. *Soufflés à la créme.*

Six blancs d'œufs, 1 livre de sucre en poudre ; fouettez sur un feu doux, et parfumez. On peut en faire en rose.

57. *Massepains mollets.*

Une livre d'amandes pilées au blanc d'œuf, ajoutez 1 livre et demie de sucre en grains dressés à l'eau. Poudrez - les de grains, si vous voulez.

58. *Macarons légers.*

Une livre 1 quart sucre, 6 onces amandes sèches ; pilez ensemble le sucre et les amandes que vous passerez au tamis ; battez à moitié 5 blancs d'œufs, puis mêlez avec la spatule ; donnez cinq à six coups de pilon, et dressez à la seringue.

59. *Biscuits à la cuiller.*

Une demi-livre sucre blanc, 12 œufs, et parsemez.

60. *Biscuits à la Savoie.*

Une livre de sucre, 12 œufs montés sur

un feu doux dans un bassin. Comme la pâte
de biscuits ordinaires, parsemez et joignez-y légèrement, quand elle est montée,
1 livre farine. Ils cuisent plus promptement
que les biscuits de Savoie ordinaires, étant
plus légers.